图书在版编目（CIP）数据

人文景观/聂辉绘编．—北京：农村读物出版社，
2022.2（2023.8重印）
（我们的中国）
ISBN 978-7-5048-5828-3

Ⅰ.①人… Ⅱ.①聂… Ⅲ.①楼阁－古建筑－建筑艺
术－中国 Ⅳ.①TU-092.2

中国版本图书馆CIP数据核字(2022)第030639号

中国农业出版社出版
地址：北京市朝阳区麦子店街18号楼
邮编：100125
策划编辑：刁乾超
责任编辑：李昕昱 文字编辑：孙蕴琪
版式设计：李 文 责任校对：吴丽婷 责任印制：王 宏
印刷：北京缤索印刷有限公司印刷
版次：2022年2月第1版
印次：2023年8月北京第3次印刷
发行：新华书店北京发行所
开本：787毫米×1092毫米 1/16
印张：2.5
字数：50千字
定价：19.90元

编　写：聂　辉　赵冬博　宁雪莲　李昕昱
绘　画：聂　辉　刘东平　施伟阳　段颖琪
美术设计：李　爽　李　文　王　怡　杨春林

人文景观

我们的中国

聂 辉 绘编

农村读物出版社
中国农业出版社
北京

序

　　古代建筑因年代久远且包含浓厚的文化气息而让我们着迷，它们历经时间的洗礼，终于来到我们面前，让我们有机会踏上探访古代建筑的奇幻旅途。

　　楼阁、园、桥等中国古代建筑既可以独立存在，也可以搭配组合，它们在材料、形态、雕刻、装饰艺术等方面展现了精妙的中国建筑美学。

　　以稳、豪、奇、雅著称的四大名楼，岳阳楼安稳沉静、鹳雀楼豪迈大气、滕王阁水鸟相和、黄鹤楼清雅留仙，它们各自保留了中国古代不同时期建筑的特色，与所处的自然地理环境相映成趣，使登楼之人产生不同的感受。

　　应天书院、岳麓书院、白鹿洞书院和嵩阳书院，这著名的四大书院在古代读书人心中是至高无上的殿堂，千百年来，院中墨香不绝，传诵着绝世诗文。

　　园林建筑是研究古代社会的重要资料，而四大名园则是活的"园林百科全书"。走进四大名园，不同风格的园林样式、不同季节的园中意趣一定会让你乐而忘返。

　　敞肩拱结构的赵州桥、启闭式的广济桥、石造联拱形制的卢沟桥和跨海梁式的洛阳桥，让脚下的路不会因为河流山川而终止。

这次古代建筑的奇妙之旅让我们更能感知它们经历的时光。这些建筑充满人文气息，是中国古代人民改造自然、顺应自然和提升自身文化修养的大胆尝试。无论是与世界的沟通，还是登上学问的殿堂，都蕴藏着"知行合一"的大道理；我们一步一步走上飞檐雕梁的楼阁时，心中一定有循着古人脚步的激动与豪情。在这本书里，读者一定可以感受古代建筑中的诗情画意和古人对世界的好奇。

目 录

序

精雕细琢的四大名楼

四大名楼一般指江西南昌滕王阁、湖北武汉黄鹤楼、湖南岳阳岳阳楼、山西永济鹳雀楼。它们因为自身的好景名扬天下，更因历代文人于此写下的名篇而美名传千古。每座楼阁都有各自的建筑特征及独特的自然景观，让登楼的人产生不同的心灵感受。

王之涣，盛唐时期著名诗人，《登鹳雀楼》为其代表作之一。王之涣为人豪放不羁，喜好舞剑，因遭人诽谤诬陷而愤然辞官，游历写诗十五年（唐开元十五年至开元二十九年，即727—741年）。

楼阁内彩画
鹳雀楼的油漆彩画是我国仿唐建筑油彩绘画工程成果之一。

长河落日
王之涣极目远眺，豪迈心生。

鹳雀楼

鹳雀楼位于山西永济，始建于北周时期，本是北周时修建的军事建筑。因楼体壮观，气势宏伟，登楼远眺有腾空欲飞之感，故名"云栖楼"。后因其紧靠黄河，时有鹳雀栖于楼上，又称"鹳雀楼"。

仿唐建筑

鹳雀楼是现存最大的仿唐建筑，坐南朝北，外观为四檐三层，内部为六层。是国内唯一采用唐代彩画技艺恢复的唐代建筑。

飞檐结构

楼檐如黄鹤展开翅膀飞向云端，楼阁屋顶错落重叠。日头高举时，远处的鹦鹉洲和江上各式小舟衬着黄鹤楼，仿佛"水鸟相和"。

四面八方

黄鹤楼的平面设计为四边套八边形，意为"四面八方"，体现了古建筑与传统文化的交融。

武汉长江大桥

历史上黄鹤楼屡建屡毁，1957年建长江大桥武昌引桥时，占用了黄鹤楼旧址，1981年在距旧址约1 000米的蛇山峰岭上重建黄鹤楼。

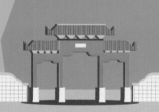

黄鹤楼

相传黄鹤楼始建于三国吴黄武二年（223年），初为军事瞭望楼，后逐渐变为观赏楼，唐永泰元年（765年）已具规模。自古享有"天下江山第一楼"和"天下绝景"之称。站在黄鹤楼上可以看到武汉长江大桥，一楼一桥相得益彰。

盔顶式建筑

岳阳楼楼高19.42米，三层都是飞檐结构，飞檐飘逸又宽广，因此专门设计了结构复杂的斗拱来承托，使楼顶形如古代将军头盔。

《岳阳楼记》

庆历五年（1045年），滕宗谅被贬至岳州（巴陵），重修岳阳楼后，特地请来老朋友范仲淹作一篇文章以纪念，即《岳阳楼记》。

仙梅亭

明崇祯十二年（1639年）重建岳阳楼时，在一方基石中发现一枝枯梅，人们认为这是神物，因此建造仙梅亭。

三醉亭

始建于清乾隆四十年（1775年），传说因吕洞宾三醉岳阳楼而得名。

岳阳楼

岳阳楼位于湖南省岳阳市古城西门城墙上，依傍长江和洞庭湖。岳阳楼前身相传为三国时期东吴大将鲁肃的"阅军楼"，西晋南北朝时称"巴陵城楼"。

滕王阁

滕王阁始建于唐永徽四年（653年），因唐太宗李世民之弟——滕王李元婴而得名，是江西南昌吉祥风水建筑，有"西江第一楼"之美誉。当地素有"求财去万寿宫，求福去滕王阁"的说法，可见滕王阁在人们心目中的神圣地位。

历史上的滕王阁屡毁屡建。1989年10月8日，第二十九次重建的滕王阁于中华人民共和国成立四十周年之际顺利落成。

阁王滕

仿宋建筑

现在的滕王阁是仿宋建筑。建筑师们以古建大师梁思成偕弟子绘制的《重建滕王阁计划草图》为依据，参照宋代李明仲的《营造法式》设计了这座仿宋式的雄伟楼阁。

阁王滕

滕王李元婴

李元婴为唐太宗李世民之弟，在山东滕州被封为"滕王"，他在滕州修建了一栋楼阁，名"滕王阁"。后来李元婴调任江南洪州（今南昌）都督，因思念故地，修筑了如今人们熟知的"滕王阁"。

文脉相传的四大书院

中国自古以来就有重学风气，书院自然是每个读书人都向往的求学圣地。河南商丘的应天书院、湖南长沙的岳麓书院、江西九江的白鹿洞书院和河南郑州登封的嵩阳书院被称为四大书院。

1998年4月29日，国家邮政局在商丘举办了"四大书院"邮票首发仪式，被选为邮票图案的书院为应天书院、岳麓书院、白鹿洞书院和嵩阳书院。

应天书院的邮票

票面为50分，展示了应天书院严整的布局，内有牌坊等建筑。

应天书院

应天书院，又称应天府书院、南京国子监，位于河南省商丘市睢阳区商丘古城南部的河畔，是中国古代唯一一个升级为国子监的书院，史载"州郡置学始于此"。

应天书院基本课程

北宋范仲淹掌管书院时，基本课程内容是儒家经典《诗》《书》《礼》《易》《乐》和《春秋》，但并不要求死记硬背，而是强调结合社会和国家的发展实际学以致用。

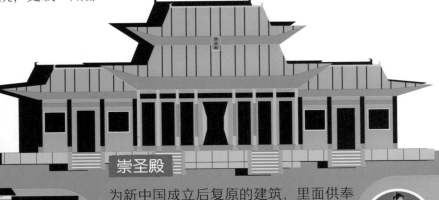

崇圣殿

为新中国成立后复原的建筑，里面供奉着孔子和孔子门下最优秀的十名学生。

范文正公纪念堂

里面记载着范仲淹的生平。

范仲淹

范仲淹是北宋杰出的思想家、政治家、文学家。

应天书院重要发展节点

五代后晋时期，杨悫在归德军将军赵直的扶助下聚众讲学，创办睢阳学舍

杨悫去世后，他的学生戚同文继承老师遗志，继续办学

宋真宗大中祥符元年（1008年），当地人曹诚投资甚多，请戚同文之孙戚舜宾主院，曹诚为助教

宋仁宗庆历三年（1043年）十二月，应天书院升格为南京国子监

位于应天书院大门外，走过状元桥，应天书院大门和门上"应天书院"的牌匾便映入眼帘。现在的状元桥是新中国成立后按照相关资料复原而来的。

状元桥

南京的由来
北宋大中祥符七年（1014年）正月，宋真宗赵恒将应天府升格为南京，作为首都东京开封府的陪都。

国子监
国子监是中国古代由中央政府设立的最高学府和教育管理机构，不仅招收全国各族学子，还招收海外学子。

全称为"大唐嵩阳观纪圣德盛应以颂碑",刻立于唐天宝三年（744年），碑高9.02米，宽2.04米，厚1.05米，碑制宏大，雕刻精美，碑文共1078字，主要讲述嵩阳观道士孙太冲为唐玄宗李隆基炼丹九转的故事。

大唐碑

嵩阳书院

嵩阳书院是中国古代著名的高等学府，位于河南省郑州市登封市嵩山南麓，因其独特的儒学教育建筑性质，被称为研究中国古代书院建筑、教育制度及儒家文化的"标本"。

清朝初年，著名学者耿介循孔子杏坛讲学的传统，除地为坛。

杏坛

于东魏孝静帝天平二年（535年）刻立，一面镌刻94窟佛像，另一面刻有大佛龛，内作一佛二菩萨三弟子，是中原石刻艺术的上乘之作。

中岳嵩阳寺伦统碑

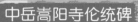

"高山仰止"
书院仪门上书"高山仰止"，这座牌坊式样的建筑用于提醒书院学子注重仪态、心存敬畏。

嵩阳书院重要发展节点

北魏太和八年（484年），嵩阳寺初建，嵩阳寺是嵩阳书院的前身，当时有僧众数百人。

唐弘道元年（683年），高宗李治游嵩山时闭为行宫，名曰"奉天宫"。

宋景佑二年（1035年），被正式命名为嵩阳书院，职能转变为讲学。

藏书楼

藏书楼是嵩阳书院最后一进院子里的建筑，为阁楼式的藏书之所。清朝时，这里曾有86万册藏书。

道统祠

道统是指儒家传道的地方，祠内陈列了帝尧、大禹和周公的半身塑像。

嵩阳书院的邮票

嵩阳书院的邮票票面为50分，画面为可见其局部的敞开大门。

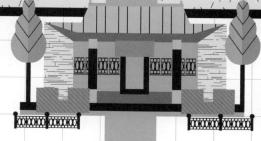

讲堂

讲堂是书院的主要建筑，是理学大师程颢、程颐讲学的地方。屋中有教学用具、"二程"（程颢、程颐）讲学图等，"程门立雪"的故事就发生在这里。

先圣殿

进入嵩阳书院的大门，先圣殿是第一座正式建筑，这里供奉着孔子等先贤的塑像。

二程手植槐

二程手植槐是程颐和程颢在嵩阳书院讲学时为装点环境种下的一棵槐树。

御书楼

岳麓书院中的藏书点，体现了中国古代书院收藏书籍的功能。在岳麓书院创建之初，讲堂后就建有书楼，宋真宗赐书之后更名为"御书阁"，元明亦称"尊经阁"，位置有所变动，一直到清康熙二十六年（1687年），建御书楼于现址，即讲堂后面。

讲 堂

讲堂是书院的教学重地和举行重大活动的场所。讲堂檐前挂有"实事求是"匾，大厅内挂有两块鎏金木匾，其一为"学达性天"，为康熙皇帝御赐；其二为"道南正脉"，为乾隆皇帝御赐。

天性达学

脉正南道

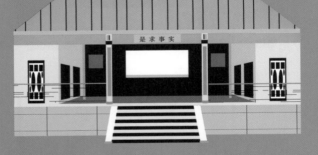

岳麓书院

岳麓书院位于湖南长沙湘江西岸的岳麓山脚下，大门上的匾额写有"岳麓书院"四个大字。

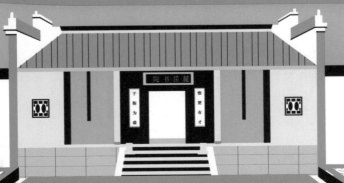

岳麓书院的邮票

邮票票面为150分，画面为翠竹掩映下的大门，表现了岳麓书院的秀美幽静，现存大门是清同治七年（1868年）重建的。

王夫之

明末清初著名的哲学家、思想家和文学家，是中国古代朴素唯物主义的集大成者，倡导学问要经世致用，因为晚年隐居在石船山中，后世称其为"船山先生"。

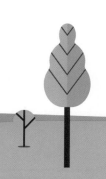

船山祠

为了祭祀王夫之而建的祠堂，原为清道光十三年（1833年）创建的湘水校经堂。光绪元年（1875年），湘水校经堂迁往河东办学，于是辟为船山祠。

岳麓书院重要发展节点

北宋开宝九年（976年），潭州太守朱洞在之前僧人办学的基础之上创办岳麓书院	北宋大中祥符八年（1015年），宋真宗召见岳麓书院山长周式，御笔赐书"岳麓书院"四字门额	明成化五年（1469年），长沙知府钱澍重建礼殿及麓山寺碑亭	明崇祯十六年（1643年），书院毁于兵火	清康熙七年（1668年），书院重建

礼圣殿

礼圣殿又名大成殿，是书院祭祀孔子及其弟子的重要场所，位于棂星门院中。"大成"取自孟子"孔子之谓集大成"，宋徽宗又尊孔子为"集古圣先贤之大成"者。

思贤台

明嘉靖三十年（1551年），江西巡按曹汴在白鹿洞上筑思贤亭，并作《思贤亭记》，亭子与山合而为一，被称为思贤台，是白鹿洞书院的最高点。

朱子祠

先贤书院主要建筑之一，建于清康熙四十八年（1709年），是专祀朱熹的祠，内有朱熹自画像石刻等相关物品。

御书阁

御书阁又名圣经阁、圣旨楼。阁中主要收藏皇帝御赐的《十三经注疏》《二十一史》《古文渊鉴》《朱子全书》。

白鹿洞书院的邮票

白鹿洞书院邮票票面为150分，画面为书院的大门，表现其辉煌兴盛。

白鹿洞书院

位于江西省九江市庐山五老峰南麓，是中国首间完备的书院，也是中国历史上唯一一座由中央政府（南唐）设立于京城之外的国学。

陆九渊

号象山，南宋著名哲学家，陆王心学的代表人物，因书斋名为"存"，世称存斋先生，曾在白鹿洞书院讲学。

白鹿洞书院重要发展节点

始建于南唐升元四年（940年），南唐朝廷在此办"庐山国学"，与金陵国子监齐名。

南宋淳熙六年（1179年），著名理学家朱熹任知南康军，重修白鹿洞书院并任洞主，制定《白鹿洞书院揭示》，其办学模式远传海外，影响深远。

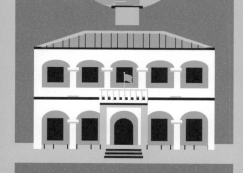

延宾馆

延宾馆建成于明成化五年（1469年），位于紫阳书院东面，原主要建筑有延宾馆门、憩斋、逸园、贯道门、春风楼等。

白鹿洞的由来

唐贞元年间（785—805年），洛阳人李渤与其兄李涉在此隐居读书，李渤在这里养了一头白鹿，鹿通人性，跟随两兄弟四处行走，人称"神鹿"。这里本来没有洞，因为地势较低，从高处看像一个洞，因此被称为"白鹿洞"。

院书阳紫

紫阳书院

紫阳书院位于白鹿书院东，为进入书院大门的四个院落之一。主要景观有门楼、崇德祠、行台等。

·巧思荟萃的四大名园·

　　明清时期是中国封建君主专制的高峰，也是商品经济发展的重要时期，北京的颐和园、承德的避暑山庄，以及苏州的拙政园、留园，都建于这一时期，是中国的四大名园，前两座是皇家园林，后两座是私家园林。这四座园林是明清时期园林建筑的代表。

颐和园

颐和园的前身清漪园是一座以万寿山、昆明湖为主体的大型天然山水皇家园林，位于北京西郊。颐和园以杭州西湖为蓝本，吸收了江南园林的设计手法，被誉为"皇家园林博物馆"。

颐和园三座人工岛的寓意

南湖岛、治镜阁岛、藻鉴堂岛三座人工岛分别对应"海上三仙山"中的蓬莱、方丈、瀛洲。

智慧海

智慧海是颐和园最高处的一座无梁佛殿，由砖石砌成，应用了拱券结构，建筑外层覆有黄、绿相间的琉璃瓦。

佛香阁

佛香阁是一座塔式宗教建筑，位于颐和园万寿山建筑中轴线上，外形参考了武汉黄鹤楼。在佛香阁上可以礼佛和远望颐和园景色。

排云殿

排云殿在原清漪园大报恩延寿寺大雄宝殿遗址上改建而成。

长廊

长廊位于万寿山南麓的昆明湖岸边，东起邀月门，西至石丈亭，于1992年被认定为世界上最长的长廊，列入"吉尼斯世界纪录"。

云辉玉宇牌楼

云辉玉宇牌楼紧邻昆明湖，为四柱七楼，顶覆黄色琉璃瓦，绘有金龙和玺彩画。

四大部洲

四大部洲位于万寿山后山中部，是汉藏式的建筑群，主建筑是香岩宗印之阁，其四周是象征佛教世界的四大部洲——东胜神洲、西牛贺洲、南赡部洲、北俱芦洲和用不同形式的塔台修建的八小部洲。

苏州街

苏州街原称买卖街，是专供清代帝后游览的街道，1860年被英法联军摧毁，1990年重建，街上设有18世纪中式风格的茶楼、酒楼、点心铺等铺面。

颐和园重要发展节点

清乾隆十五年（1750年），颐和园的前身清漪园各建筑陆续破土动工 → 清乾隆二十九年（1764年），清漪园整体竣工 → 清咸丰十年（1860年），第二次鸦片战争时英法联军攻入北京，清漪园遭到严重破坏，园内大量珍宝被毁和遭劫掠 → 清光绪十四年（1888年），清漪园改名颐和园，并得到进一步修整

清晏舫

清晏舫原称石舫，清漪园时期有中式舱楼，1860年被英法联军毁坏，重建时改为西式舱楼，取"河清海晏"之意。

十七孔桥

颐和园中最大的石桥，连接南湖岛和东堤，因有17个桥洞而得名。

铜牛位于昆明湖东岸，十七孔桥东桥头北侧，为镇压水患而设，也被称"金牛"。

铜牛

避暑山庄

避暑山庄位于河北承德，占地面积约564公顷，是世界上现存最大的皇家园林。避暑山庄包括西北部的山区、东南部的湖区、东北部的平原区和南部的宫殿区，是中国现存占地面积最大的古代帝王宫苑。

避暑山庄建造由来

清代皇帝前往木兰围场行围狩猎，随行人员众多，便在前往围场的路上修建21座行宫，避暑山庄是其中之一。

四库全书

《四库全书》是在乾隆皇帝的主持下，由纪昀等360多位高官、学者编撰，3800多人抄写，耗时10年编成的丛书，整体分为经、史、子、集4部分。文津阁版《四库全书》现收藏在国家图书馆。

文津阁

文津阁位于避暑山庄平原区西部，建于清乾隆三十九年（1774年），建筑样式仿照宁波天一阁，是乾隆皇帝为了存放《四库全书》而下令修建的，外观两层实则3层，阁内有暗层，有避光防晒的作用。

烟波致爽殿

烟波致爽殿建于清康熙四十九年（1710年），是避暑山庄正宫的重要建筑之一。殿内有康熙皇帝御题"烟波致爽"。

澹泊敬诚殿

澹泊敬诚殿建于清康熙五十年（1711年），是避暑山庄正宫的重要建筑之一，清朝皇帝举行重大庆典，接受百官、外国使节等朝觐的场所。

爽致波烟

诚敬泊澹

门午内

丽正门

避暑山庄重要发展节点

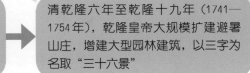

清康熙四十二年至五十二年（1703—1713年），避暑山庄初建，主要是开拓湖区，营造宫殿和宫墙，康熙皇帝选择园中美景，以四字为名钦定"三十六景"

→ 清乾隆六年至乾隆十九年（1741—1754年），乾隆皇帝大规模扩建避暑山庄，增建大型园林建筑，以三字为名取"三十六景"

→ 清乾隆五十七年（1792年），避暑山庄及周围的寺庙全部完工，历时89年

永佑寺

永佑寺建于清乾隆十六年（1751年），取"皇祖永佑，社稷万年"之意，是清朝皇帝祭祖礼佛的地方，也是避暑山庄内规模最大的一组园林寺庙建筑。

烟雨楼

烟雨楼位于避暑山庄东南侧湖区的青莲岛上，是乾隆皇帝受南巡时所见的浙江南湖烟雨楼启发，命人在青莲岛上仿建的。这座楼共有两层，二楼有栏杆，在二楼可以欣赏湖区的景色。

水心榭

水心榭建于清康熙四十八年（1709年），是修建在水中心的亭榭，位于下湖与银湖之间的"水心"中，站在亭上可观银湖的荷花。

四面云山

四面云山是避暑山庄的最高峰，山上有四面云山亭。四面云山亭为十六柱单檐攒尖顶方亭，挂有康熙皇帝题额"四面云山"，清朝皇帝经常在此远眺。

月色江声

月色江声岛建于清康熙四十三年（1704年），取自苏轼《赤壁赋》中描写月色和江面的相关名句，康熙皇帝曾御题"月色江声"匾。主殿"静寄山房"，是清朝皇帝的书斋。

拙政园

拙政园位于苏州东北部，是苏州现存最大的古典园林，全园分为东、中、西3部分，以水为主要特点，亭榭分布其间。1997年，拙政园成功入选《世界遗产名录》，2007年被评选为首批5A级旅游景区。

浮翠阁

浮翠阁位于拙政园西花园内的一座山上，为八角形双层建筑，周围林木茂密，建筑好像浮动于翠绿浓荫中，故而得名。

园名的由来

王献臣建园之时，取晋代潘岳《闲居赋》"灌园鬻蔬，以供朝夕之膳……此亦拙者之为政也"意，取名"拙政园"。

拙政园重要发展节点

明正德初年（16世纪初），御史王献臣辞官还乡，将大宏寺旧址拓建为园，王献臣死后，拙政园几经易手 → 明崇祯四年（1631年）刑部侍郎王心一购得拙政园东部荒地十余亩，取名"归田园居"，悉心经营，园中其他地方渐渐荒废 → 1989年，经过多方努力，拙政园各部分终于合一

塔影亭是拙政园西花园中的一座建筑，是一座攒尖的八角亭，水中倒影形如宝塔，因而被称为"塔影亭"。

塔影亭

见山楼

见山楼位于拙政园中花园内，原名"隐梦楼"，重檐卷棚，三面环水，底层被称为"藕香榭"，上层为见山楼。

香洲

香洲北面可以看到见山楼，东连远香堂，是中花园内的舫式结构建筑，有两层楼舱。香洲船头是台，前舱是亭，中舱为榭，船尾是阁，阁上起楼。

文徵明

初名璧，字徵明，长洲（今苏州）人，吴门画派代表人物，曾受拙政园园主王献臣的邀请来设计拙政园，并在园内亲手栽植了紫藤。

天泉亭位于拙政园东花园内，是一座重檐八角亭，亭内有口古井，相传为元代大宏寺遗物。

这口古井水质甘甜且不竭，被称为"天泉"，亭也因此得名。

天泉亭

秫香馆

秫香馆为拙政园东花园的主体建筑，因原来周围都是稻田，得名秫香馆。秫香馆面水隔山，室内宽敞明亮。

远香堂

远香堂为四面厅，是拙政园中花园的主体建筑，乾隆年间建于原若墅堂的旧址上。北面平台宽敞且池水清澈。夏日荷花盛开，花香随清风吹来，故而得名"远香堂"。

留园

留园位于苏州阊门外上津桥下塘，占地面积约2.33公顷，是在明代东园的基础上扩建的。依据建筑年代和主题，留园可分为中部山水、东部庭园、北部山林和西部田园，中部和东部为全园精华所在，被誉为"吴下名园之冠"。

留园重要发展节点

明万历二十一年（1593年），太仆寺少卿徐泰时创建东园，这是他的私家园林，请了叠山大师周时臣造石屏，徐泰时去世后，东园渐渐荒废

→

清嘉庆三年（1798年），刘恕完成园区扩建，因园内竹色清寒，更名"寒碧山庄"，世人称"刘园"

→

清同治十二年（1873年），园为常州盛康购得，他按照读音相同字不同的先例，改名"留园"

→

1997年，留园被列入《世界遗产名录》

闻木樨香轩

闻木樨香轩位于涵碧山房西北侧，为留园中部最高处，轩前有楹联："奇石尽含千古秀；桂花香动万山秋。"

刘恕

刘恕是清代著名的书画家、藏书家，是留园前身——寒碧山庄的主人，曾将自己写的文章和古人字帖勒石嵌砌在园中的廊壁上，因喜好石头，曾搜寻十二名峰放入园内。

舒啸亭

舒啸亭位于留园西花园的假山上，亭子平面呈六边形，顶为圆形攒尖式，亭名取陶渊明《归去来兮辞》中"登东皋以舒啸，临清流而赋诗"的句意。

明瑟楼

明瑟楼紧挨着涵碧山房，为两层半间，名字取郦道元《水经注》中"目对鱼鸟，水木明瑟"的意味。

涵碧山房

涵碧山房是留园中部的主要建筑，周围老树茂盛，俗称荷花厅。

古木交柯

古木交柯位于留园中部偏南，为一六边形花台，内植有柏树一棵、云南山茶一棵，靠南的墙上有题款"古木交柯"和印章落款。

冠云楼

冠云楼位于留园东部最北端——冠云峰后面，坐北面南，是为了观赏冠云峰而建造的。

冠云亭

冠云亭位于冠云峰东侧，可以在这里观赏冠云峰。冠云亭是六角攒尖顶亭子，顶部是如意橘子。

曲溪楼

曲溪楼是留园中部的重要建筑之一，共有两层，建筑形制为单檐歇山顶，楼只有前半片，下面是狭长的过道。

冠云峰

冠云峰位于留园东部，处在冠云楼南面，高6.5米，为留园中的著名庭院置石之一，花草松竹点缀其间，是宋代花石纲遗物。

延伸四海的四大名桥

"逢山开路，遇水搭桥"，中国国土面积辽阔且地形多样，大大小小的桥遍布神州大地，组成了四通八达的交通网络，其中河北赵州桥、广东广济桥、福建洛阳桥和北京卢沟桥被誉为中国的四大名桥，这些桥梁建筑是中华劳动人民非凡智慧的缩影。

赵州桥的敞肩拱结构比欧洲早出现了 1 200 多年；广济桥是世界上最早的启闭式桥梁；洛阳桥是我国现存最早的跨海梁式大石桥；卢沟桥是北京现存最古老的石造联拱桥。这四座名桥历史悠久，各具特色。

栏板雕刻

赵州桥的蟠龙栏板浮雕位于赵州桥两边的栏板和望柱上，雕刻有多种蛟龙、兽面、竹节、花饰等，刻工精细，意境深远。展示了隋代浑厚、严整、矫健、俊逸的石雕风貌。

赵州桥

赵州桥位于河北省赵县，是一座空腹式圆弧形石拱桥。1991 年 9 月，赵州桥被美国土木工程师学会选定为第十二个"国际土木工程里程碑"，与埃及金字塔、巴拿马运河、巴黎埃菲尔铁塔等世界著名古迹齐名。

赵州桥

李 春

李春，隋朝著名匠师，今河北邢台人，隋大业元年（605年）受命带领一众工匠来到洨河实地考察，主持设计并参加建造赵州桥。

建筑结构

赵州桥的主拱由28道独立的拱券并列而成，修建这座桥时先砌中间再砌两边，每道拱券宽约35厘米，每块条石长度不同，各块条石之间用两个"腰铁"连接。

因为赵州桥两端肩部各有两个小孔，所以被称为敞肩式，与之相对的，没有小孔的被称为满肩式或实肩式。拱肩里的小孔可以加速排洪、减少桥身重量并节省石料。这是世界造桥史的一个创新，据考证，欧洲在19世纪中期才出现敞肩拱结构桥梁，比中国晚了1 200多年。

赵州桥的历史

赵州桥建于隋炀帝大业元年（605年），距今已经有1 400多年历史。赵州桥又名安济桥，安济的意思是"安渡济民"，是北宋哲宗皇帝御赐的名字。

赵州桥数据解码

全长50.82米，拱顶宽9米，拱脚宽9.6米，跨径37.02米，拱矢高度7.23米。

广济桥

广济桥位于广东省潮州市，横跨韩江，联结东西两岸，在古代是广东通向福建和浙江的交通要道，是一座浮梁结合的桥。

广济桥的亭阁

广济桥目前共有桥亭30个，其中殿式亭阁12个，其他类型亭阁18个。

桥墩

明朝时，广济桥正式形成24个桥墩的格局，随着时间变迁，最终呈现在我们面前的桥墩变为20个。

广济桥重要发展节点

广济桥始建于南宋乾道七年（1171年），最初是采用86只浮船和中流大石墩建成的浮桥，取名"康济桥"。

明宣德十年（1435年），潮州知府王源大规模重修桥，全面加固23个桥墩，墩上加梁，并建起126间亭屋，桥的名字改成"广济桥"，意思是"广济百粤之民"，明正德年间定为24个桥墩。

明嘉靖九年（1530年），州守丘其仁减去浮桥用船6只，形成"十八梭船廿四洲"的格局，洲即水中的陆地，此处指桥墩。

仰韩阁

仰韩阁是广济桥东段第一个亭阁，也是广济桥历史上第一个建成的亭阁，建于南宋，亭阁下面有砌石台基，可以有效防御洪水，通常从这里开始走上广济桥。

广济桥的两只大铁牛

广济桥上这两只大铁牛是清雍正二年（1724年），由潮州知府张自谦主持整修广济桥时建造的，意思是"镇桥御水"，现在仅剩西段的一只。

浮桥

广济桥中间的18个木船并排连接组成浮桥，浮桥闭合可以连接两岸，浮桥打开则可以通行船只和泄洪。

种蛎固基

洛阳桥三大关键技艺之一。即在桥基处养殖牡蛎，利用牡蛎的附着加固作用来稳定桥基。种蛎固基技艺是把生物学应用在桥梁工程上的先例。

筏形基础

洛阳桥三大关键技艺之一。即在洛阳江倾抛石块，在江下形成一道矮石堤，以此为桥基，在石堤上面建造桥墩，这一技艺可以有效提高桥梁的稳定性。

浮运架梁

洛阳桥三大关键技艺之一。即在退潮时用木浮排将条石运送至两个桥墩之间的恰当位置；涨潮时，潮水将木浮排与条石整体托起，匠人将条石调整安放至桥墩；再次退潮时将浮排移走，完成桥面大条石的安放工作。

洛阳桥名字的由来

洛阳桥始建于北宋皇祐五年（1053年），北宋嘉祐四年（1059年）建成。唐朝以来，因为战乱，中原河洛地区的人们纷纷南下，因为觉得泉州地区和洛阳很像，所以这座桥也被称为洛阳桥。

洛阳桥

洛阳桥位于福建泉州的洛阳江上，连接现在的洛江区和台商投资区，濒临大海，是中国著名的跨海梁式大石桥，素有"海内第一桥"的美誉，有"北赵州，南洛阳"之称。

石将军雕像

石将军雕像面对面立于桥的两端，每个石将军都有一个小亭子遮挡风雨，雕像保留着北宋武士的着装风格及细节，已有近1000年的历史。

西川甘雨

"西川甘雨"碑亭位于洛阳桥中亭西侧，建于明朝嘉靖年间。当时的泉州知府方克关心人民疾苦，向洛阳江神祈雨，当地百姓为了纪念方克的一心为民，树立了石碑和碑亭。

洛阳桥数据解码

整体长度为834米，宽度为7米，共有46座桥墩，桥墩孔净跨8米。

文天祥

南宋末年政治家、文学家、抗元英雄，曾组织军队抵抗元军，失败后被俘，押送至大都（今北京），被关押期间始终不为金钱名利所动，元世祖忽必烈多次劝降，文天祥都坚决拒绝，于元世祖至元十九年（1283年）英勇就义。

卢沟桥的狮子

卢沟桥两侧的望柱上有形态各异石狮子：金元时期的石狮子头部比例大，嘴微张，头上有小铃铛；明代的石狮子或足踏绣球，或足踏小狮，或身上有小狮，嘴方且大；清代的石狮子突胸张嘴，有的身上有小狮，颈下有宽大的系带，卷毛高凸。

卢沟桥数据解码

卢沟桥桥长266.5米，宽7.5米，共有11个涵孔，桥身两侧有石雕护栏，281根望柱顶端共有485只石狮子。

卢沟桥

卢沟桥位于北京市西南方的宛平城西，是北京现存最古老的石造联拱桥，因为横跨永定河（永定河旧称卢沟河）而得名。

七七事变

七七事变又称卢沟桥事变，1937年7月7日晚，日军以士兵失踪为借口，要求进入宛平城搜查，遭到中国守军拒绝后便炮轰卢沟桥和宛平城，七七事变爆发，中华民族开始了长达八年的全面抗战。

卢沟晓月

"卢沟晓月"是燕京八景之一。每到黎明斜月西沉时，月光洒在桥上，月亮映入水中，卢沟桥南面和北面的水面上会各出现一轮月亮的倒影，和天上的月亮构成"一天三月"的奇景。